Kai Stark

1982
Technik, die so alt ist wie du

1982

Technik, die so alt ist wie du

Kai Stark

Bildnachweise: 6: Clay Banks/Unsplash, 7: Joshua Sellke/Unsplash, 8: Secret Agent Julio via Wikimedia, 9: minka2507/Pixabay, 10: jplenio/Pixabay, 11: Sergey Kohl/Shutterstock.com, 12/13: barni b/Pixabay, 14: Aykut Eke/Unsplash, 15: Bigyy/Shutterstock.com, 16: Alena Veasey/Shutterstock.com, 17: ralfsfotoseite/Pixabay, 18: Slideo/Shutterstock.com, 19: JR Moreira/Shutterstock.com, 20: Wikimediaimages/Pixabay, 21: jmdo via Wikimedia Commons, 22: Profit_Image/Shutterstock.com, 23: Trong Nguyen/Shutterstock.com, 24: Gerd Altmann/Pixabay, 25: 360b/Shutterstock.com | b1-foto/Pixabay, 26: CHUTTERSNAP/Unsplash, 27: Gold Picture/Shutterstock. com, 28: Rudiecast/Shutterstock.com, 29: Rudiecast/Shutterstock.com, 30: Dmytro Stoliarenko/Shutterstock.com, 31: 914Georg/ Pixabay, 32: Veselin Borishev/Pixabay, 33: 2211438/Pixabay, 34: Wikimediaimages/Pixabay, 35: Gerry Bye/Anthony Anthony via Wikimedia Commons, 36: Ron Ellis/Shutterstock.com, 37: dlyastokiv/stock.adobe.com, 38: Codo Star/Unsplash, 40: RJA1988/ Pixabay, 41: Gerd Altmann/Pixabay, 42: Northfoto/Shutterstock.com, 43: pasja1000/Pixabay, 44: Couleur/Pixabay, 45: theenigma/ Shutterstock.com, 46: Kai Stark, 47: dlyastokiv/stock.adobe.com, 48: FunkyNL/ Pixabay, 49: Albrecht Fietz/Pixabay, 50: Stallpaparazzi/Pixabay, 51: Maria Godfrida | Ray Marsh/Pixabay, 52: Michael Gaida/Pixabay, 53: saitenartist/Pixabay, 54/83: graec/Pixabay, 55: 11066063/Pixabay, 56: EQRoy/Shutterstock.com, 57: Cija Tuttle/Pixabay, 58: David Mark/Pixabay, 59: dlyastokiv/stock.adobe.com, parker/Pixabay, 60: Tengyart/Unsplash, 61: CharlVera/Pixabay, 62: Wikilmages/ Pixabay, 63: Don S. Montgomery via Wikimedia Commons, 64: Wikilmages/Pixabay, 65: svic/Shutterstock.com, 66: Raymond Cassel/ Shutterstock, 67: Galyamin Sergej/Pixabay, 68: Adrien Delforge/Unsplash, 70: Peter Stanic/Pixabay, 71: Bruno /Germany/Pixabay, 72: Blueee77/Shutterstock.com, 73: Atreyu via Wikimedia Commons, 74: Victoria_Borodinova/Pixabay, 75: Lefteris Papaulakis/ Shutterstock.com | Monica Schreiber/Pixabay, 76: Meister Photos/Shutterstock.com | dlyastokiv/stock.adobe.com, 77: Peter Neelmeyer via Wikimedia Commons, 78: say_cheddar via Wikimedia Commons, 79: Reinraum via Wikimedia Commons, 80: Sandy Millar/ Unsplash, 83: graec/Pixabay, 84: MM_photos/Shutterstock.com, 85: Olga Popova/Shutterstock.com

ISBN 978-3-95982-225-1

© 2022 by   Markt+Technik Verlag GmbH
             Espenpark 1a
             90559 Burgthann

Produktmanagement Christian Braun, Burkhardt Lühr
Korrektorat Alexandra Müller
Lektorat, Herstellung Jutta Brunemann
Layout David Haberkamp
Covergestaltung Nadine Distler
Coverfoto © Bigyy – Shutterstock.com
Satz inpunkt[w]o, Haiger (www.inpunktwo.de)
Druck Firmengruppe APPL, Wemding
Printed in Germany

Inhalt – 1982

1982 – ein Ausnahme-Jahrgang

Erheben wir ein Glas auf SIE, und feiern wir Ihren Jahrgang! Gefüllt ist das Glas mit tiefrotem, fruchtigem Bordeaux – denn 1982 war ein herausragender Bordeaux-Jahrgang.

Außer fantastischem Rotwein hat das Jahr 1982 auch eine Menge technischer Erfindungen, beeindruckender Bauwerke, unvergesslicher Produkte und spannender Ereignisse hervorgebracht, die dieses Jahr zu etwas ganz Besonderem machen. Es war ja auch das Jahr, in dem SIE geboren wurden. Sie sind damit unter anderem so alt wie der Commodore 64, der Opel Corsa, der Knight Rider und der Rheinturm in Düsseldorf.

Unternehmen Sie mit diesem Buch eine äußerst unterhaltsame Zeitreise in Ihr Geburtsjahr 1982. Lernen Sie die wichtigsten technischen Neuerungen und Produkte Ihres fantastischen Jahrgangs kennen.

Der Düsseldorfer Rheinturm überragt mit knapp über 240 Metern alle anderen Bauwerke der Stadt.

7

Babys, Tore und mehr

Beginnen Sie Ihre Zeitreise in das Jahr 1982 zunächst mit einem Panoramablick über wichtige welt- und kulturgeschichtliche Ereignisse. Übrigens: Ihr Geburtsjahr teilen Sie sich unter anderem mit dem britischen Prinzen William und seiner Frau Kate, dem österreichischen Schauspieler Elyas M'Barek, der österreichischen Popsängerin Christina Stürmer, dem chinesischen Pianisten Lang Lang und einer Menge weiterer Berühmtheiten.

1982 war außerdem das Jahr, in dem in der Bundesrepublik Deutschland das erste »Retortenbaby« zur Welt gebracht wurde, also ein Baby, das durch künstliche Befruchtung gezeugt wurde. Der kleine Oliver wog bei seiner Geburt am 16. April 1982 in einer Frauenklinik in Erlangen stolze 4.150 Gramm.

Und was fieberte 1982 die Fußballwelt: Vom 13. Juni bis zum 11. Juli 1982 wurde in Spanien die zwölfte Fußballweltmeisterschaft ausgetragen. Die deutsche Nationalelf zog, nachdem sie im Halbfinale Frankreich besiegt hatte, ins Finale ein und trat im Estadio Santiago Bernabéu in der spanischen Hauptstadt Madrid gegen Italien an. Der deutsche

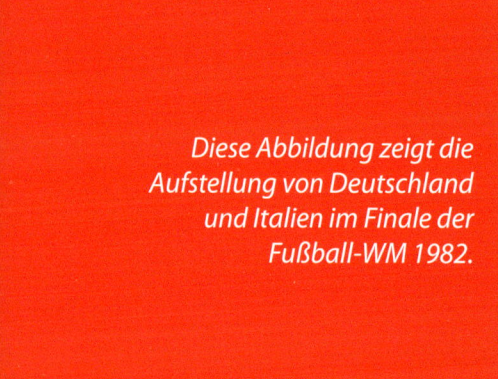

Diese Abbildung zeigt die Aufstellung von Deutschland und Italien im Finale der Fußball-WM 1982.

Bundestrainer hieß Jupp Derwall. Karl-Heinz Rummenigge, Hans-Peter Briegel, Pierre Littbarski, Klaus Fischer und Co. unterlagen damals den starken Italienern mit 1:3.

Ein Fun Fact zur WM 1982: Die damalige Fußballweltmeisterschaft hält sowohl den Rekord des jüngsten eingesetzten Spielers bei einer WM – der Nordire Norman Whiteside war bei seinem ersten WM-Einsatz erst 17 Jahre und 41 Tage alt – als auch den Rekord des ältesten Teilnehmers, der Weltmeister wurde. Gemeint ist damit der Fußball-Dino Dino Zoff, der beim WM-Sieg bereits 40 Jahre und 133 Tage alt war, als er mit der italienischen Nationalelf den Weltmeistertitel errang. Dino Zoff zählt bis heute zu den besten Torhütern der Fußballgeschichte.

Bereits zwei Monate, bevor in Spanien die WM angepfiffen wurde, tat sich etwas in Nordamerika: Kanada erlangte am 17. April 1982 mit dem »Kanada-Gesetz« seine volle Souveränität. Zuvor mussten Verfassungs-änderungen in Kanada immer erst noch vom britischen Parlament ab-gesegnet werden. Das war nun nicht mehr notwendig – Kanada war damit vollständig von Großbritannien unabhängig. Das kanadische Staatsoberhaupt bleibt aber weiterhin die britische Königin bzw. der britische König.

Queen Elizabeth II. – hier als Wachsfigur – war bei der Verabschiedung des Kanada-Gesetzes 1982 das kanadische Staats-oberhaupt und blieb es auch danach.

1982 war auch ein Jahr, in dem die Friedensbewegung und die Umweltbewegung noch einmal deutliche Schübe bekamen. So gab es am 25. Januar 1982 den »Berliner Appell« der beiden DDR-Bürgerrechtler Rainer Eppelmann und Robert Havemann, in dem sie das Motto »Frieden schaffen ohne Waffen« ausgaben. Und an einem Friedensforum in Dresden beteiligten sich am 13. Februar 1982 über 5.000 Menschen.

Was die Umweltbewegung betrifft, so war 1982 das Gründungsjahr der Organisation »Robin Wood«: Ehemalige Greenpeace-Mitglieder entschieden in Bremen, ihre eigenen Wege zu gehen und Umweltaktionen durchzuführen. Die Organisation versteht sich als »gewaltfreie Aktionsgemeinschaft für Natur und Umwelt« und hat ihren Sitz heute in Hamburg.

Auch eine neue Partei mit Schwerpunkt beim Umweltschutz entstand: die Ökologisch-Demokratische Partei (ÖDP). Diese Partei wurde im Januar 1982 in Wiesbaden gegründet. Ihr erster Vorsitzender war der Umweltschützer und Autor Herbert Gruhl. Von ihm stammt unter anderem das Werk »Ein Planet wird geplündert«. Die ÖDP ist allerdings bis heute eine Kleinpartei geblieben.

Unter anderem der Schutz des Waldes liegt der Organisation Robin Wood sehr am Herzen.

Naturverbunden war auch der damalige Bundespräsident Karl Carstens (1914–1992, Bundespräsident von 1979–1984). Er wurde als volksnaher »Wanderpräsident« bekannt, der in vielen Teilen Deutschlands wanderte. Im Januar 1982 etwa begleiteten ihn rund 2.000 Menschen auf einer Wanderung bei Essen. Gemeinsam mit seiner Frau Veronica gründete Karl Carstens übrigens auch die »Karl und Veronica Carstens-Stiftung«, die es sich zur Aufgabe macht, Naturheilkunde und Homöopathie zu fördern.

In einem anderen Land starb ein Staatsoberhaupt: der damalige »Vorsitzende des Präsidiums des Obersten Sowjet« Leonid Iljitsch Breschnew (1906–1982), ein gebürtiger Ukrainer. Er erlitt am 10. November 1982 im Schlaf einen Herzstillstand. Sein Nachfolger wurde Juri Wladimirowitsch Andropow (1914–1984).

Natürlich gab es noch weitere Todesfälle: Der deutsche Komponist Carl Orff – unter anderem bekannt durch sein Werk »Carmina Burana« – starb in München im Alter von 86 Jahren.

Viel jünger, nämlich im Alter von nur 43 Jahren, starb die deutsch-französische Schauspielerin Romy Schneider – man fand sie am 29. Mai 1982 an ihrem Schreibtisch in ihrer Pariser Wohnung leblos zusammengesunken. Manche sagen, sie wäre an gebrochenem Herzen gestorben

Romy Schneiders Stern auf dem Boulevard der Stars in Berlin

– im Jahr zuvor war ihr Sohn David auf grausame Weise gestorben, als er einen Zaun überklettern wollte.

Noch jünger, nämlich 37 Jahre, war der Regisseur Rainer Werner Fassbinder, als er am 10. Juni 1982 in seiner Münchener Wohnung starb. Er zählte zu den wichtigsten Vertretern des »Neuen Deutschen Films«. Auf der Berlinale 1982 war er für seinen Film »Die Sehnsucht der Veronika Voss« noch mit einem Goldenen Bären ausgezeichnet worden.

Überstandene Krisen 1982

Das Jahr 1982 wartete auch mit einigen Krisen auf. So deckte das Nachrichtenmagazin »Der Spiegel« im Februar 1982 auf, dass Führungskräfte des eigentlich gemeinnützigen deutschen Bau- und Wohnungsunternehmens »Neue Heimat« mithilfe von Strohleuten in die eigene Tasche gewirtschaftet hatten. Damals ein großer Skandal.

Eine weitere Krise, die sich in Deutschland abspielte, war das konstruktive Misstrauensvotum gegen den damaligen SPD-Bundeskanzler Helmut Schmidt. Er wurde am 1. Oktober 1982 durch eine Mehrheit der

Parteien CDU, CSU und FDP gestürzt. Neuer Bundeskanzler wurde der CDU-Politiker Helmut Kohl – dieses Amt sollte er bis 1998 innehaben.

1982 war außerdem das Jahr des Falklandkrieges zwischen Großbritannien und Argentinien. Die Argentinier beanspruchten die in britischer Hand befindlichen Falklandinseln, die sich im südlichen Atlantik östlich von Argentinien befinden. Sie starteten – Argentinien wurde zu jener Zeit von einer Militärjunta regiert – in der Nacht zum 2. April einen Angriff. Die Briten gewannen jedoch schnell die Oberhand und konnten den Falklandkrieg bereits am 20. Juni 1982 wieder beenden. Es gab 649 Tote auf der Seite der Argentinier und 258 Tote auf der Seite der Briten. Die Falklandinseln sind bis heute ein britisches Überseegebiet.

Ein Ereignis, das die christliche Welt erschütterte, war ein Attentat auf Papst Johannes Paul II. am 12. Mai 1982. Dieser hielt sich zu einer Marienwallfahrt im portugiesischen Wallfahrtsort Fátima auf. Der Attentäter Juan Fernández y Krohn stach mit einem Bajonett von hinten auf den Papst ein und rief dabei »Nieder mit dem Papst, nieder mit dem Zweiten Vatikanischen Konzil!«. Der Papst wurde aber – im Gegensatz zu einem Attentat 1981, als er schwer verwundet wurde – nur leicht verletzt und segnete seinen Attentäter noch am gleichen Tag.

Die Falklandinseln sind unter anderem ein Paradies für Pinguine. Dieses Foto wurde auf Ostfalkland aufgenommen, der größten Falklandinsel.

Computer 1982: »Brotkasten« und erster Computervirus

2

In den 1980er-Jahren eroberten die Heimcomputer die Privathaushalte. Microsoft hatte bereits 1981 sein MS-DOS veröffentlicht. Und die Computer hatten inzwischen – dank der Mikroprozessoren, die bereits ab den 1970er-Jahren entwickelt wurden – eine handliche Größe angenommen und boten einige Programme, die auch für den Normalbürger spannend waren, zum Beispiel simple Textverarbeitungsprogramme und Spiele. Gebaut wurden die Heimcomputer unter anderem von IBM und Apple.

Erfahren Sie in diesem Kapitel, was sich speziell im Jahr 1982 in Sachen Computer so alles getan hat. Dazu gehört ein ganz bestimmter Computer, der heute noch vielen Menschen in Erinnerung ist, aber auch der erste Computervirus, das elektronische Emoticon und noch so einiges mehr. Wir wünschen Ihnen viel Vergnügen beim Kramen in der Computerkiste!

Der Commodore 64 oder kurz C64 war ein Heimcomputer-Highlight 1982.

Person des Jahres 1982: der Computer

Dass Computer mehr und mehr den Alltag eroberten, beweist unter anderem das US-amerikanische Nachrichtenmagazin »Time«. Bereits seit 1927 kürt es die »Person des Jahres«. Die erste dieser Personen war 1927 der Flugpionier Charles Lindbergh, der in jenem Jahr allein in einem Nonstop-Flug den Atlantik überquerte.

»Person des Jahres« kann aber nicht nur werden, wer Gutes bewirkt. Es kommt nur darauf an, wer großen Einfluss auf die Weltgeschichte hat. So wurde sogar der Diktator Adolf Hitler – im Jahr 1938 – »Person des Jahres«. Der sowjetische Diktator Josef Stalin erlangte diesen Titel sogar zweimal, nämlich in den Jahren 1939 und 1942.

Und wer wurde von der »Time« im Jahr 1982 zur »Person des Jahres« bzw. in diesem Fall zur »Maschine des Jahres« erkoren? Nun, Sie werden es vielleicht erraten haben: der Computer. Damit wurde gewissermaßen offiziell das Computerzeitalter ausgerufen, nachdem bereits zuvor die Zahlen Bände sprachen. So wurden laut »Time« in den USA im Jahr 1980 724.000 PCs verkauft, 1981 1,4 Millionen und 1982 noch mal doppelt so viele wie 1981. Mit solchen Zahlen schlug der Computer andere

Zwar nicht auf dem erhofften, aber doch auf vielen »Time«-Covern: Steve Jobs

Anwärter auf die »Person des Jahres« (zum Beispiel Ronald Reagan und Margaret Thatcher) locker aus dem Rennen.

Dazu noch eine kleine Anekdote: Apple-Gründer Steve Jobs soll erwartet haben, 1982 mit dem Computer auf das Cover der »Time« zu kommen. Stattdessen wurde aber nur eine künstliche Figur abgebildet, die vor einem Computer sitzt. Steve Jobs wurde das »Time«-Magazin damals per FedEx zugestellt, und als er sich selbst nicht auf dem Cover sah, hat er – laut eigener Aussage – vor Wut geweint.

Der Commodore 64 erobert die Kinderzimmer

Nun aber zu dem ganz besonderen Computer, der 1982 erschienen ist und der – aufgrund seines Aussehens nachvollziehbar – den Spitznamen »Brotkasten« erhielt: der Commodore 64 oder kurz C64. Dieser Computer wurde von 1982–1994 vom US-amerikanischen Unternehmen Commodore verkauft und im Januar 1982 auf der Winter Consumer Electronics Show in Las Vegas erstmals der Öffentlichkeit vorgestellt.

Sieht aus wie ein Brotkasten, ist aber ein Computer: Der C64 war in den 1980er-Jahren ein Verkaufsschlager – er gilt bis heute als meistverkaufter Heimcomputer der Welt.

Der C64 war ein Heimcomputer mit 64 Kilobyte Arbeitsspeicher – daher sein Name. Sein 8-Bit-Mikroprozessor war ein MOS Technology 6510. Dieser kam 1982 in Konkurrenz zu den Intel- und Motorola-Prozessoren heraus und zeichnete sich – trotz relativ hoher Leistungsfähigkeit – durch einen niedrigen Preis aus.

Über ein Festplattenlaufwerk verfügte der C64 indes nicht. Stattdessen wurden Daten von einer »Datasette« (vergleichbar mit einem Kassettenrekorder), von Disketten, die damals noch eine Größe von 5 ¼ Zoll aufwiesen, oder von einem Steckmodul geladen.

In ROM-Chips vorhanden waren der Kernel, der BASIC-Interpreter (BASIC ist eine Programmiersprache, die in den 1960er-Jahren entwickelt wurde) sowie zwei Bildschirmzeichensätze. So war der C64 denn auch der Computer, auf dem eine ganze Generation von Informatikern ihre ersten BASIC-Programme schrieb.

Nach Deutschland kam der C64 erst ab 1983. Der Verkaufspreis betrug damals 1.495 D-Mark. Bereits ein Jahr später war er aber für weniger als die Hälfte erhältlich. Auch ein Konkurrenz-Heimcomputer des C64 kam 1982 auf den Markt, nämlich der Sinclair ZX Spectrum. Diesem gelang es allerdings nicht, neben dem C64 in Deutschland Fuß zu fassen. Hin-

Der Sinclair ZX Spectrum war vor allem in Großbritannien ein erfolgreicher Konkurrent des C64.

gegen war er auf dem britischen Markt längere Zeit der meistverkaufte Heimcomputer.

Daheim daddeln mit Spielkonsolen

Mit der Atari VCS vertrieb das US-amerikanische Unternehmen Atari seit dem Ende der 1970er-Jahre eine beliebte Spielkonsole. 1982 erhielt die bereits vorhandene Spielkonsole die Bezeichnung »Atari 2600«, zudem wurde ein neues Modell – »Atari 5200« – eingeführt. Die Spielkonsolen von Atari waren 1982 so beliebt, dass außer Atari auch eine Reihe von Drittherstellern Games für die Spielkonsole anbot.

Auch andere Hersteller sprangen auf den Zug auf, nachdem sie das große Potenzial von Spielkonsolen erkannt hatten. So erschien 1982 auch die Spielkonsole »ColecoVision« des US-amerikanischen Herstellers Coleco. Auch von dieser Spielkonsole, in die ein Grafikprozessor von Texas Instruments eingebaut wurde, wurden immerhin über zwei Millionen Exemplare verkauft.

In die für den europäischen Markt produzierten Geräte wurde extra ein für das PAL-Farbfernsehsystem geeigneter Grafikchip eingebaut. Mit

Diese Abbildung zeigt eine »Atari 2600«, eine millionenfach verkaufte Spielkonsole von Atari.

dieser Spielkonsole konnten die in Spielhallen beliebten Games in Bild und Ton fast originalgetreu wiedergegeben werden.

1982 gab es im Bereich der Videospiele also noch eine ziemlich heile Welt, und es herrschte eine Art Goldgräberstimmung. Bereits im darauffolgenden Jahr, 1983, gab es einen Video Game Crash, in dessen Zuge zahlreiche Hersteller von Spielkonsolen und Heimcomputern Pleite gingen. Atari und Coleco gehörten jedoch nicht dazu.

Das erste Notebook kommt auf den Markt

Sagt Ihnen der Name Bill Moggridge etwas? Nein, die Rede ist hier nicht vom kanadischen Schauspieler und Kabarettisten Bill Mockridge, vor allem bekannt aus der Serie »Lindenstraße«. Bill Moggridge war ein britischer Industriedesigner. Er entwarf den »GRiD Compass 1100«, der heute als erstes Notebook der Welt gilt – auf den Markt gebracht wurde es im Jahr 1982. Dieses Notebook lief mit dem Betriebssystem »GRiD-OS«, das speziell auf das Notebook abgestimmt war.

Das erste Notebook war alles andere als erschwinglich. Die Preise begannen bei 8.000 US-Dollar. Hauptabnehmer war die Regierung der

Dieses Foto zeigt eine ColecoVision, eine für das Jahr 1982 relativ leistungsstarke Spielkonsole.

USA, um zum Beispiel militärische Spezialeinheiten damit auszurüsten. Tragbar war das Notebook zwar, aber es brachte doch 5 kg auf die Waage – trotz der Verwendung einer leichten Magnesium-Legierung für das Gehäuse. Das Display des GRiD Compass hatte eine Auflösung von 320 × 240 Pixeln. Es verfügte über einen damals gängigen 8086-Prozessor von Intel, 340 Kilobyte Speicher und ein Modem mit 1.200 Bit/s. Laufwerke konnten über ein Interface verbunden werden.

Es darf gelächelt werden: Das elektronische Emoticon wird geboren

Zwei weitere Erfindungen des Jahres 1982 kennen Sie ganz bestimmt. Sie sehen folgendermaßen aus:

```
:-)
:-(
```

Das elektronische Emoticon geht auf den US-amerikanischen Informatiker Scott E. Fahlman zurück. 1982 forschte er an der Carnegie Mellon

Für den »GRiD Compass 1100« musste man tief in die Tasche greifen.

University in Pittsburgh. In einem Diskussionsforum der Universität schlug er am 19. September 1982 vor, das bereits allseits bekannte Smiley-Symbol mithilfe von ASCII-Zeichen nachzubilden. Die von ihm vorgeschlagenen Zeichen werden bis heute verwendet, zusätzlich wurden noch viele weitere Zeichen entwickelt, zum Beispiel für Zwinkern, Zungerausstrecken etc. Dies war die Nachricht, die Scott E. Fahlman damals in dem Diskussionsforum postete:

19-Sep-82 11:44 Scott E Fahlman :-)
From: Scott E Fahlman <Fahlman at Cmu-20c>

I propose that the following character sequence for joke markers:

:-)

Read it sideways. Actually, it is probably more economical to mark things that are NOT jokes, given current trends. For this, use

:-(

Die ersten Smileys setzten sich aus ASCII-Code zusammen.

Scott E. Fahlman wurde übrigens zwei Jahre später an der gleichen Universität zum Professor für Informatik berufen.

Auch Computer können sich erkälten: Der »Elk Cloner« gelangt in Umlauf

Als Spaß gedacht – jedoch nicht mit einem Smiley versehen – war 1982 der »Elk Cloner«, der erste bekannte Computervirus, der in Umlauf kam. Geschrieben wurde dieser Computervirus von einem 15-jährigen amerikanischen Teenager namens Rich Skrenta, damals Schüler an der Mt. Lebanon High School in Pittsburgh – also der gleichen Stadt, in der auch das elektronische Emoticon entstanden ist. Der Computervirus lief auf dem Apple II, einem 1977 von Apple eingeführten Heimcomputer.

Genau genommen, infizierte der Computervirus Bootdisketten. Startete man den Computer von einer infizierten Diskette, schrieb sich der Computer in den Systemspeicher. Dadurch konnte der Computervirus nun auch weitere Disketten infizieren, die in das Diskettenlaufwerk eingeschoben wurden.

Obwohl Apple-Rechner nicht so oft von Viren betroffen sind wie Windows-Systeme, lief der erste Computervirus 1982 auf einem Apple II.

Nun, größeren Schaden richtete dieser erste Computervirus nicht an. Jedoch erschien bei jedem 50. Einschieben einer infizierten Diskette in das Laufwerk des Apple II. die folgende Meldung, die nur durch den Neustart des Computers beseitigt werden konnte:

> *Elk Cloner:*
> *The program with a personality*
>
> *It will get on all your disks*
> *It will infiltrate your chips*
> *Yes, it's Cloner!*
>
> *It will stick to you like glue*
> *It will modify RAM too*
> *Send in the Cloner!*

Später lieferte Apple entsprechende Antivirensoftware, um den Computervirus von infizierten Geräten zu entfernen. Heute gelten Apple-Computer als deutlich weniger anfällig für Computerviren als die konkurrierenden Windows-Computer. Der damalige Teenager Rich Skrenta wurde zum erfolgreichen Informatiker und IT-Unternehmer.

1982 hatte der erste Computervirus keine großen Auswirkungen, inzwischen stellen sie allerdings eine ernste Gefahr dar, vor der Antivirenprogramme schützen können.

Sun Microsystems: Ein Computerriese entsteht

Ein bekanntes Unternehmen, das 1982 gegründet wurde, war Sun Microsystems, ein Hersteller von Computern und von Software. Das Unternehmen zeichnet unter anderem für die Entwicklung der Java-Technologie sowie der zugehörigen Programmiersprache verantwortlich. Einer der vier Gründer, der deutsche Informatiker Andreas von Bechtolsheim, sollte später einer der ersten Investoren bei Google werden. Sun Microsystems wurde 2010 von Oracle übernommen.

Sun Microsystems gehört heute zum Oracle-Konzern.

Ohne Java ist ein funktionierendes Internet heute kaum denkbar.

Zu Wasser, zu Lande und in der Luft 1982

3

Dass sich im Jahr 1982 einiges bewegt hat, wird auch im Bereich der Verkehrsmittel deutlich. Damals kamen Autos auf den Markt, die heute jeder kennt und teilweise immer noch fährt. Ein Flugzeug von Boeing hatte seinen Erstflug. Und ein Schiff wurde nach weit über 400 Jahren vom Meeresgrund geborgen. In diesem Kapitel lernen Sie einige besonders interessante Verkehrsmittel des Jahres 1982 kennen – und noch einiges mehr, das diesem Themenbereich zuzuordnen ist.

Das »Auto des Jahres« 1982

Doch zunächst zu einem Auto der unteren Mittelklasse, das bereits seit dem Herbst 1981 gebaut wurde. Seinen Platz in diesem Kapitel hat sich das Fahrzeug dennoch verdient, denn es wurde von einer europäischen Jury zum europäischen »Auto des Jahres« 1982 gewählt. Gemeint ist – tataaa! – der Renault 9.

Der Renault 9 wirkt unscheinbar, wurde von einer europäischen Jury aber zum »Auto des Jahres« 1982 gekürt.

Der Renault 9 war eine viertürige Limousine mit Stufenheck und zu Beginn drei Motorisierungen: einem Ottomotor mit 1.108 cm³ Hubraum und 44 PS, einem Ottomotor mit 1.397 cm³ Hubraum und 60 PS sowie einer Automatikvariante mit 1.397 cm³ Hubraum und 68 PS. Später sollten noch andere Motorisierungen hinzukommen, zum Beispiel ein Modell mit Dieselmotor im Oktober 1982. Außerdem erschien 1983 neben der Stufenhecklimousine ein Schwestermodell mit Schrägheck unter dem Namen Renault 11.

Entwickelt wurden der Renault 9 und der Renault 11 in Zusammenarbeit mit dem US-amerikanischen Autobauer AMC, der 1987 von Chrysler übernommen wurde. In den USA trug der Renault 9 die Bezeichnung »Alliance«, und der Renault 11 bekam den Namen »Encore«.

Klein, aber oho: der erste Opel Corsa

Erstmals vom Band rollte 1982 ein sehr beliebter Kleinwagen: der Opel Corsa oder – in Abgrenzung zu den Nachfolgermodellen – der Corsa A. Er wurde im Oktober 1982 erstmals vorgestellt und seither vom deutschen Automobilhersteller Opel produziert, der damals zum US-amerikanischen Konzern General Motors gehörte.

Dieses Foto zeigt einen Opel Corsa A, also einen Opel Corsa der ersten Generation.

Gebaut wurde der Opel Corsa A aber nicht in Deutschland, sondern in Nordspanien, genauer gesagt, in der Gemeinde Figueruelas. Dort hatte General Motors 1982 ein Werk eröffnet, in dem dann die Opel Corsas vom Band rollten.

Mit dem Corsa wollte man in den Wettbewerb unter anderem mit dem VW Polo und dem Ford Fiesta einsteigen – diese Fahrzeuge waren bereits in den 1970er-Jahren auf den Markt gekommen. Außer als Opel Corsa wurde ein baugleiches Auto auch unter der Marke Vauxhall Nova auf den Markt gebracht. Die ersten Opel Corsas hatten allesamt ein Schrägheck und einen Ottomotor mit 45, 55 oder 70 PS. Später kamen weitere Karosserievarianten und Motorisierungen hinzu. Und den Corsa gibt es heute noch: 2019 wurden bereits ein Corsa F sowie der elektrische Corsa-e vorgestellt.

Erst Datsun, dann Nissan: Der Micra kommt auf den Markt

Ebenfalls seit 1982 produziert – und seit Dezember 1982 auf dem deutschen Markt verkauft – wird der Micra, ein Kleinwagen des japanischen Herstellers Nissan. Zunächst trug der Micra aber die Marke Datsun

Der Nissan Micra der ersten Generation sah noch eckig aus, die heutigen Modelle sind zeitgemäß runder.

Micra, erst 1984 wurde er zum Nissan Micra. Datsun ist der älteste Autohersteller Japans, gehört aber zum Nissan-Konzern. Für einige Zeit hatte Nissan die Marke eingestellt.

Der Micra der Baureihe K10 wurde von 1982 bis 1992 hergestellt. Er hatte einen Dreizylinder-Ottomotor, der es in zwei Motorisierungen auf Leistungen von 50 und 60 PS brachte. Die aktuelle Baureihe des Nissan Micra – K14 – stellte Nissan 2017 auf dem Pariser Autosalon vor.

Sportwagen mit Klappscheinwerfern: der Porsche 944

Wie? Sie interessieren sich eher für PS-starke Automodelle statt für Kleinwagen? Auch aus diesem Bereich haben wir ein Fahrzeug für Sie in petto, das 1982 eingeführt wurde: den Porsche 944, der es mit einem von Porsche selbst entwickelten Vierzylinder-Reihenmotor auf eine sportliche Leistung von 163 PS brachte, mit der man eine Höchstgeschwindigkeit von 220 km/h erreichen konnte.

Trotz des Verkaufspreises von 38.900 D-Mark bzw. 40.400 D-Mark für das Modell mit Automatikgetriebe wurde der Porsche 944 einer der meist-

Der Porsche 944 zählte seinerzeit zu den beliebtesten Sportwagen.

verkauften Sportwagen seiner Zeit. Spätere Varianten wurden denn auch noch deutlich PS-stärker: So brachte es der ab 1989 gebaute 944 Turbo Typ 951 auf 250 PS und eine Höchstgeschwindigkeit von 260 km/h.

Ein markantes Merkmal des Porsche 944 waren seine Klappscheinwerfer, wie sie zuvor auch bereits andere Porsche-Modelle erhalten hatten, nämlich 1970 der Porsche 914, der Porsche 924 sowie der Porsche 928. Die Tabelle zeigt die wichtigsten Daten des Porsche 944 auf einen Blick, wobei die Motorisierung des ersten erhältlichen Modells dargestellt wird.

Porsche 944	Fahrzeugdaten
Motor	Vierzylinder-Reihenmotor
Hubraum	2.479 cm^3
Leistung	120 kW/163 PS bei 5.800 U/min
Höchstgeschwindigkeit	220 km/h
Beschleunigung	8,4 s von 0 auf 100 km/h
Leergewicht	1.180 kg
Produktionszeitraum	1981–1991

Auch der Porsche 914 verfügte über Klappscheinwerfer.

Im Jahr 1991 wurde der Porsche 944 vom Porsche 968 abgelöst, der ebenfalls einen Vierzylinder-Reihenmotor aufwies, aber mit bis zu 350 PS noch mal deutlich leistungsstärker war als der Porsche 944.

Niki Lauda feiert sein zweites Comeback

Wo wir gerade bei viel PS sind ... Einer der ganz Großen des Automobilrennsports feierte 1982 ein Comeback, nämlich der Österreicher und dreimalige Formel-1-Weltmeister Niki Lauda (1949–2019). Lauda gewann seine erste Weltmeisterschaft 1975. 1976 hatte er einen schweren Unfall auf dem Nürburgring, den er nur mit viel Glück und bleibenden Spuren überlebte. Dennoch startete er bereits 1977 sein erstes Comeback und wurde im selben Jahr zum zweiten Mal Weltmeister.

Ende der 1970er-Jahre zog sich Niki Lauda aus der Formel 1 zurück und gründete 1979 seine Fluggesellschaft Lauda Air, der er sich nun widmete. Außerdem trat er als Kommentator bei Formel-1-Übertragungen im Fernsehen auf.

Doch schon 1982 feierte Niki Lauda sein zweites Formel-1-Comeback. Das erste Rennen der Formel-1-Weltmeisterschaft 1982 war der Große

Nach seiner aktiven Formel-1-Karriere gründete Niki Lauda als begeisterter Pilot eine eigene Airline und war später als Mercedes-Sportchef in der Formel 1 erfolgreich.

Preis von Südafrika. Niki Lauda trat mit McLaren an und erreichte bei diesem Rennen immerhin Position 4. In der Fahrerwertung der gesamten Weltmeisterschaft 1982 erreichte er Rang 5. Schon 1984 sollte Niki Lauda aber erneut Formel-1-Weltmeister werden.

Transit durch die DDR

Nicht ganz so schnell gefahren wie auf den Formel-1-Strecken wurde auf der Transitautobahn zwischen Hamburg und Berlin, die 1982 für den Verkehr freigegeben wurde und einen Transitverkehr zwischen den beiden westdeutschen Städten durch die damalige DDR ermöglichte.

Der Hintergrund: Das zur Bundesrepublik Deutschland gehörende Westberlin lag inmitten der Deutschen Demokratischen Republik, einem Ostblockstaat. Deshalb wurden entsprechende Transitstrecken und Grenzkontrollen eingerichtet, wobei Transit bedeutet, dass die Autofahrer die Straße nicht verlassen durften und ein Treffen mit Bürgern der DDR verboten war. Um das zu überprüfen, waren auf den Transitautobahnen ständig Stasi-Mitarbeiter unterwegs – häufig in Fahrzeugen mit einem Kennzeichen aus der Bundesrepublik.

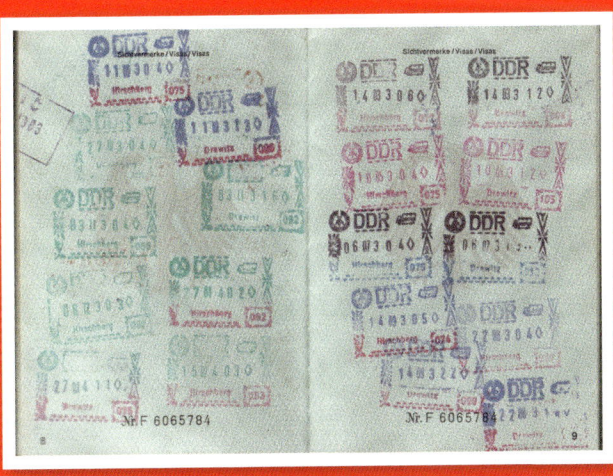

Wer häufiger die Transitautobahn nach Westberlin nutzte, hatte viele Stempel im Reisepass.

Zum In-die-Luft-Gehen: Die Boeing 757 hat ihren Erstflug

Neu war 1982 außerdem die Boeing 757. Dieses zweistrahlige Schmalrumpfflugzeug des US-amerikanischen Flugzeugbauers Boeing hatte am 19. Februar 1982 seinen Erstflug und wurde bis einschließlich 2004 produziert und kam insbesondere auf Mittelstrecken, später aber auch auf Langstrecken zum Einsatz.

Die Boeing 757-200 (später sollte es noch eine verlängerte 757-300 geben) hat eine Länge von 47,32 m, einen Rumpfdurchmesser von 3,76 m und bietet bis zu 239 Passagieren Platz. Auf optimaler Flughöhe kann sie eine Geschwindigkeit von 850 km/h erreichen.

Ein Fun Fact: Auch der ehemalige US-Präsident Donald Trump kaufte sich eine Boeing 757-200 als Privatjet. Weniger lustig sind verschiedene Zwischenfälle mit der Boeing 757 – darunter war auch der American-Airlines-Flug 77, der am 11. September 2001 von Terroristen in das Pentagon geflogen wurde. Außerdem wird für die Boeing 757 überdurchschnittlich oft das aerotoxische Syndrom gemeldet, das durch eine Kontaminierung der Atemluft im Flugzeug bedingt ist.

Auf diesem Foto ist eine Boeing 757 der Arkia Israeli Airlines zu sehen, der zweitgrößten Fluggesellschaft Israels.

Ein weiterer »Starfighter« stürzt ab

Es war nur ein weiteres Kapitel in einer schier endlosen Pannenserie, aber diese endete 1982 für den Piloten, einen Bundeswehrhauptmann, tödlich. Am 24. Juni 1982 stürzte ein »Starfighter« (eigentlich Lockheed F-104) auf deutschem Boden ab. Als Unfallursache wurde eine asymmetrische Beladung ermittelt. Der Pilot hatte noch versucht, sich mit dem Schleudersitz zu retten, was jedoch nicht gelang. Der »Starfighter« wurde von der Bundeswehr bereits 1960 in Dienst gestellt und war bis 1991 im Einsatz. In dieser Zeit ereigneten sich 269 Abstürze der F-104, die für 116 Piloten tödlich endeten.

Dürfen wir vorstellen? Mary Rose

Auch auf dem Wasser hat sich im Jahr 1982 einiges abgespielt. Wir haben für Sie nun aber kein Wasserfahrzeug herausgesucht, das 1982 seine Jungfernfahrt hatte – sondern wir sprechen hier über ein im Jahr 1545 gesunkenes englisches Kriegsschiff.

So sah die »Mary Rose« einmal aus; die Abbildung stammt aus einem englischen Flottenverzeichnis.

Was hat das mit dem Jahr 1982 zu tun? Nun, die »Mary Rose«, so hieß das Kriegsschiff, wurde 1982 aufwendig geborgen. Über 400 Jahre lang lag das Wrack des Schiffs auf dem Meeresgrund, genauer gesagt, auf dem Boden des Solent, eines Seitenarms des Ärmelkanals.

Dort kam es damals zu einem Seegefecht zwischen den Engländern und den Franzosen. Eine französische Flotte plante eine Invasion auf der englischen Isle of Wight. Dagegen hatten die Engländer natürlich etwas einzuwenden, sodass es zu einer kriegerischen Auseinandersetzung kam. Die Mary Rose sank am 19. Juli 1545, dabei starb ein Großteil der rund 500 Besatzungsmitglieder.

Schon kurz nach dem Untergang versuchte man, die Mary Rose zu bergen, was jedoch misslang. Erst 1982 wurde das gut erhaltene Wrack unter Leitung der britischen Archäologin Margaret Rule geborgen. Die Mary Rose wird seither in einem Museum in der englischen Hafenstadt Portsmouth ausgestellt.

Die »Mary Rose« heute: Das Wrack des englischen Kriegsschiffs wurde 1982 vom Meeresboden geborgen und ist in dem hier abgebildeten Museum in Portsmouth zu besichtigen.

Die Deutsche Reichsbahn stellt eine neue Lok vor

Zum Schluss dieses Kapitels wollen wir Ihnen noch eine E-Lok vorstellen, die 1982 auf der Leipziger Frühjahrsmesse der Öffentlichkeit präsentiert wurde. Die DR-Baureihe 243 wurde in der damaligen DDR von einem Volkseigenen Betrieb – der Lokomotivbau Elektrotechnische Werke »Hans Beimler« Hennigsdorf (LEW) – im Auftrag der Deutschen Reichsbahn entwickelt und hergestellt. Der Grund dafür war, dass man aufgrund der steigenden Ölpreise von Diesel- auf Elektrobetrieb umstellen wollte.

Die Höchstgeschwindigkeit der E-Lok betrug zunächst 140 km/h, diese wurde jedoch 1983 zugunsten von mehr Zugkraft auf 120 km/h reduziert. In Serie wurden die Lokomotiven von 1984 bis Anfang der 1990er-Jahre gebaut. Bei der Deutschen Bahn AG liefen diese E-Loks unter der Baureihenbezeichnung DB-Baureihe 143 und DB-Baureihe 112.

Schweizerische Bundesbahnen im Takt

Und noch eine Neuerung des Jahres 1982 gibt es zu vermelden: In jenem Jahr wurde in der Schweiz flächendeckend ein Taktfahrplan eingeführt. Er galt, bis auf wenige Ausnahmen, auf allen Bahn- und Autobuslinien. Der Grundtakt war ein Stundentakt, also ein Zug pro Stunde. Der Taktfahrplan wird in der Schweiz bis heute erfolgreich umgesetzt.

Rambo wünscht sich »Ein bisschen Frieden«: Kultur 1982

4

Auch fernab der Technik gibt es einiges zu berichten, das die Menschen im Jahr 1982 buchstäblich bewegt hat: Berühmte Songs kamen heraus, Bands wurden gegründet oder lösten sich auf, auf den Kinoleinwänden gab es Haue, und ein Alien wollte nach Hause telefonieren. Dieses und weiteres Kulturelle wird Ihnen in diesem Kapitel berichtet.

Nicole gewinnt beim Eurovision Song Contest

Nicole Hohloch war gerade einmal 17 Jahre alt, als sie am 24. April 1982 – unter ihrem Künstlernamen Nicole – beim Eurovision Song Contest in der nordenglischen Stadt Harrogate auftrat. Bereits im Jahr zuvor hatte sie mit »Flieg nicht so hoch, mein kleiner Freund« einen Hit gelandet. Nun präsentierte sie in Harrogate den von Ralph Siegel komponierten und von Bernd Meinunger getexteten Song »Ein bisschen Frieden«, in dem ein Mädchen von seinen Ängsten vor dem Hintergrund kriegerischer Auseinandersetzungen auf der Welt sang.

Mit dem Song traf Nicole voll ins Schwarze: Sie siegte nicht nur beim Eurovision Song Contest und sang daraufhin den Refrain in mehreren Sprachen. »Ein bisschen Frieden« verkaufte sich außerdem über fünf Millionen Mal und machte Nicole europaweit berühmt. Die 1964 geborene Sängerin ist auch heute noch aktiv und hat 2019 das Album »50 ist das neue 25« herausgebracht.

Michael Jackson bringt »Thriller« heraus

Einen Meilenstein der Musikgeschichte lieferte 1982 der US-amerikanische Popsänger Michael Jackson (1958–2009) mit seinem Album »Thriller« und einem berühmten Musikvideo zum Titelsong, das unter der Regie von John Landis entstand. In dem Video werden Tote zum Leben erweckt und beginnen, im Michael-Jackson-Stil zu tanzen. Ganz schön gruselig! Außer dem Titelsong sind aber auch noch weitere berühmte Michael-Jackson-Songs enthalten, zum Beispiel »Beat it!« und »Billie Jean« sowie »The Girl is Mine«, den Michael Jackson zusammen mit dem Ex-Beatle Paul McCartney interpretiert hat. Einige Songs des Albums – so auch die drei zuletzt genannten – hat Michael Jackson selbst komponiert.

Michael Jackson war schon seit seiner Kindheit ein Popstar (zu Beginn sang er zusammen mit seinen Geschwistern in einer Band), aber spätestens mit dem Album »Thriller« wurde er zum Megastar und »King of Pop«. Es wurde das meistverkaufte Album aller Zeiten. Die Schätzungen der Verkaufszahlen reichen bis über die 100-Millionen-Marke.

Weitere Hits des Jahres 1982

Und welche Songs schafften es 1982 auf Platz 1 der deutschen Single-Charts? Nun, ein Song von Michael Jackson war nicht dabei, ein Lied von Nicole hingegen schon. Das waren die Songs, die 1982 auf Platz 1 der deutschen Single-Charts standen:

- F. R. David: »Words«
- Gottlieb Wendehals: »Polonäse Blankenese«

Michael Jackson erhielt als »King of Pop« einen Stern auf dem »Walk of Fame« in Hollywood.

- Spider Murphy Gang: »Skandal im Sperrbezirk«
- Culture Club: »Do You Really Want to Hurt Me«
- Nicole: »Ein bisschen Frieden«
- Paul McCartney und Stevie Wonder: »Ebony and Ivory«
- Andy Borg: »Adios Amor«
- OMD: »Maid of Orleans«
- Falco: »Der Kommissar«
- Markus: »Ich will Spaß«
- ABBA: »One of Us«

Trio sang »Da Da Da«

Ein riesiger Hit war 1982 auch das Lied »Da Da Da« der Band Trio, das sehr minimalistisch daherkommt und sich auf wenig Text beschränkt. Bei der Produktion kamen nur wenige Instrumente und Gesang zum Einsatz. Insgesamt wurden von dem Song 13 Millionen Exemplare verkauft. In Deutschland schaffte es das Lied dennoch nur auf Platz 2 der Charts – Platz 1 war von Nicole mit »Ein bisschen Frieden« belegt.

Eine Menge Hits des Jahres 1982 klingen einem heute noch in den Ohren.

Punk goes Mainstream: neue Bands, die heute jeder kennt

Im Genre des Punkrocks entstanden 1982 gleich zwei berühmte deutsche Bands. Nachdem mit dem Punk in den 1970er-Jahren eine neue Subkultur entstanden war, ging dieser nun langsam in den Mainstream über. Die 1982 gegründeten Bands heißen »Die Toten Hosen« und »Die Ärzte« und haben ihren Ursprung in der Punkszene. Beide Bands bestehen heute noch, allerdings haben sich »Die Ärzte« zwischendurch einmal aufgelöst.

ABBAs letzter Auftritt

Die schwedische Band ABBA wurde 1972 gegründet und schrieb in den 1970er- und frühen 1980er-Jahren Musikgeschichte. Mit rund 400 Millionen verkauften Tonträgern gehört ABBA zu den erfolgreichsten Bands aller Zeiten. Kein Wunder, dass die Band nach so viel Erfolg auch mal eine Pause brauchte – und es gab wohl auch verschiedene persönliche Differenzen. Eine »Pause« wurde von ABBA 1982 angekündigt, trennen wollte sich die Band offiziell nicht.

»Die Toten Hosen« 2009 bei einem Konzert in Budapest

Jedoch hatte ABBA dann am 11. Dezember 1982 in »The Late Late Breakfast Show« im britischen TV den letzten gemeinsamen Auftritt als Band. Sie sangen ihre Songs »I Have a Dream« und »Under Attack«. Danach gingen die Bandmitglieder ihrer eigenen Wege und nahmen Soloalben auf oder schrieben Musicals. Nach fast 40 Jahren erschien am 5. November 2021 ein neues Album: »Voyage«.

Woher stammt der Name »ABBA«?

Sie fragen sich, was der Bandname ABBA eigentlich bedeutet? Die Auflösung ist ganz einfach. Es handelt sich um die Anfangsbuchstaben der Vornamen der vier Bandmitglieder, nämlich Agnetha Fältskog, Björn Ulvaeus, Benny Andersson und Anni-Frid Lyngstad.

Sylvester Stallone als Blockbuster-Garant

Doch nun aus der Welt der Musik in die Filmwelt. Der US-amerikanische Action-Darsteller Sylvester Stallone wirkte 1982 gleich in zwei erfolgreichen Filmen mit. Zum einen war das »Rocky III – Das Auge des Tigers«,

Diese Aufnahme zeigt die schwedische Band ABBA zu ihren Glanzzeiten – allerdings nur als Wachsfiguren.

bei dem Stallone nicht nur als Hauptdarsteller in der Rolle des Boxers Rocky Balboa auftrat, sondern auch das Drehbuch schrieb und die Regie führte. Zum anderen kam auch der Actionfilm »Rambo« heraus, in dem ein wortkarger Kriegsveteran durchdreht. Die beiden Filme spielten jeweils an die 125 Millionen US-Dollar in die Kassen.

Lasst ihn doch endlich nach Hause telefonieren!

Der erfolgreichste Film des Jahres 1982 hatte jedoch nicht ganz so viel Action, dafür umso mehr Herz zu bieten, nämlich der vom US-amerikanischen Regisseur Steven Spielberg gedrehte Film »E.T. – Der Außerirdische«. Das Einspielergebnis dieses Films betrug 793 Millionen US-Dollar. Er wird bis heute unter den Top 100 der erfolgreichsten Filme aller Zeiten aufgeführt.

In dem Film wird ein Außerirdischer von seinen Gefährten auf der Erde zurückgelassen, als sie von Beamten der US-Regierung verjagt werden. Ein zehnjähriger Junge entdeckt den Außerirdischen – E.T. – und versteckt ihn bei sich zu Hause.

Durch seine perfekte Mischung aus Science-Fiction- und Familienfilm konnte »E.T. – Der Außerirdische« weltweit große Erfolge feiern.

Dass sich zwischen den beiden eine Freundschaft entwickelt und ständig Gefahr durch die Regierungsbeamten droht, kann man sich denken. Wie die Sache ausgeht, wird hier aber nicht verraten. Auf alle Fälle Taschentücher bereithalten!

Gespielt wurde E.T. übrigens von mehreren kleinwüchsigen Schauspielern, die sich in eine vom Italiener Carlo Rambaldi geschaffene Puppe begeben mussten. Sowohl die englische als auch die deutsche Stimme von E.T. stammt von einer Frau (Pat Welsh bzw. Paula Lepa).

Sprechendes Auto mit Turbo Boost: Knight Rider wird erstmals ausgestrahlt

Im TV war 1982 erstmals der »Knight Rider« zu sehen, ein ehemaliger Polizist, der zusammen mit einem denkenden, sprechenden und unkaputtbaren Auto – »K.I.T.T.« – für das Gute kämpfte, und zwar im Auftrag einer »Foundation für Recht und Verfassung«. In der Rolle des Michael Knight: David Hasselhoff. Als K.I.T.T. diente ein schwarzer Pontiac Firebird Trans Am.

Schon 1982 gab es ein selbstfahrendes Auto: K.I.T.T.

Noch mehr Erwähnenswertes aus dem Bereich der Kunst und Kultur

Was hat sich 1982 auf dem Gebiet der Kultur sonst noch getan? Zum Beispiel wurde ein neues »Spiel des Jahres« gekürt, nämlich das bei Ravensburger erschienene Brettspiel »Sagaland«, in dem berühmte Märchen eine wichtige Rolle spielen. »Sagaland« war das vierte Spiel des Jahres ingesamt, die Auszeichnung wurde erstmals 1979 für »Hase und Igel« vergeben.

Den Literaturnobelpreis erhielt 1982 der kolumbianische Schriftsteller Gabriel García Márquez (1927–2014) für seine Romane und Erzählungen, »in denen sich das Phantastische und das Realistische in einer vielfacettierten Welt der Dichtung vereinen«. Márquez wird dem Stil des »Magischen Realismus« zugerechnet.

1982 war darüber hinaus das Jahr der deutschen Erstaufführung von »Candide«, einem von Leonard Bernstein (1918–1990) komponierten Musical, das auf dem gleichnamigen Roman des französischen Philosophen und Schriftstellers Voltaire basiert. Die US-amerikanische Fassung war bereits 1974 am Broadway uraufgeführt worden. Die deutsche Erstaufführung erfolgte am 27. März 1982 in Heilbronn.

In »Sagaland« durchqueren die Spieler buchstäblich eine Märchenlandschaft.

Ein Theaterstück, das 1982 uraufgeführt wurde, war das Zweipersonen-stück»Quartett« des deutschen Dramatikers Heiner Müller (1929–1995). Das Stück feierte am 7. April 1982 im Schauspielhaus Bochum seine Premiere. Entstanden ist 1982 außerdem Heiner Müllers Werk »Verkommenes Ufer Medeamaterial Landschaft mit Argonauten«.

Im Schauspielhaus Bochum hatte 1982 das Theaterstück »Quartett« von Heiner Müller Premiere.

Gabriel García Márquez war 1982 der Nobelpreis-träger für Literatur.

Von Katzen und »Ja«-Sagern: neue Marken 1982

5

Keine Sorge, Schleichwerbung wollen wir in diesem Buch nicht machen – auch wenn hier unter anderem Katzen zum Futter schleichen. Erfahren Sie auf den nächsten Seiten, welche neuen Marken 1982 entstanden sind. Jede Wette, dass Sie davon bereits gehört haben!

In Hamburg steigt ein Fest für Katzen

Viele Katzen werden von ihren Haltern nach Strich und Faden verwöhnt. Dazu gehört auch, ihnen ein leckeres Futter anzubieten. Für alle Katzen, die nicht mehr Whiskas kaufen wollten, gibt es seit 1982 das Katzenfutter Sheba, das gemäß der Webseite des Herstellers in Hamburg seine Weltpremiere feierte. Sheba gehört zum Whiskas- und Schokoriegel-Produzenten Mars Incorporated. Ein bekannter Slogan aus der Sheba-Werbung lautete: »Ein Fest für Katzen«.

Da warten schon zwei Stubentiger auf ihre nächste Fütterung. Würden sie Sheba oder Whiskas kaufen? Das weiß man nicht so genau.

Ein Lebensmittelkonzern gibt das »Ja«-Wort

Auch eine No-Name-Marke wurde 1982 eingeführt, nämlich die REWE-Eigenmarke »Ja!«, mit der man den erfolgreichen Lebensmitteldiscountern Paroli bieten wollte. Zu Beginn wurden lediglich 28 Produkte mit der Marke »Ja!« verkauft – natürlich deutlich günstiger als die etablierten Markenprodukte. Heute hat REWE über 900 Produkte der Marke »Ja!« im Sortiment.

Kauf dein Sakko bei ...

Außer Lebensmitteln konnte man auch Kleidung bereits 1982 beim Discounter kaufen. Ein Textildiscounter, der 1982 gegründet wurde, ist die in der nordrhein-westfälischen Stadt Telgte ansässige Modekette »Takko«, und zwar von der damaligen Hettlage-Gruppe.

Der erste Kleiderladen wurde in Rheda-Wiedenbrück eröffnet, damals allerdings noch unter dem Namen »Modea«. Es folgten im Lauf der Jahre viele weitere Filialen. 1999 wurde die Modekette in »Takko ModeMarkt GmbH & Co. KG« umbenannt. Die Kette hat heute über 1.900 Filialen in mehreren Ländern Europas und beschäftigt rund 18.000 Mitarbeiter.

Der Heißluftballon auf diesem Foto zeigt das Logo der 1982 gegründeten Modekette »Takko«.

Der Duft der Frauen

Ein neues Parfüm für Damen kam 1982 ebenfalls auf den Markt, nämlich »Armani«. Der italienische Modedesigner Giorgio Armani feierte bereits in den 1970er-Jahren große Erfolge mit seinen Modekollektionen, er schuf jedoch zunächst nur Mode für Herren. Erst 1980 folgte die erste Kollektion für Damen – und 1982 das erste Parfüm des Hauses. Der Damenduft »Armani« entwickelte sich zu einem der beliebtesten Parfüms der 1980er-Jahre.

Der erste Damenduft »Armani« wird nicht mehr produziert, aber ihm folgten viele weitere Armani-Düfte.

Armani ist ein italienischer Modekonzern, der seit 1982 auch Parfüm im Sortiment hat.

Auf diesen Jahrgang können Sie bauen: Bauwerke 1982

6

Nachdem Sie sich gut gekleidet und parfümiert haben, geht es nun in die weite Welt hinaus. Wir stellen Ihnen in diesem Kapitel spannende Gebäude vor, die 1982 eröffnet wurden oder zumindest einen wichtigen Bezug zu jenem Jahr haben. Sie werden feststellen, dass Ihnen das Jahr 1982 in Sachen Architektur einiges zu bieten hat!

Hoch oben in Düsseldorf

Das erste Gebäude, das wir Ihnen vorstellen möchten, ist der 1982 eröffnete Rheinturm in der nordrhein-westfälischen Landeshauptstadt Düsseldorf. Der 240,5 m hohe Fernsehturm ist das höchste Bauwerk der Stadt und steht direkt am Rhein – daher sein Name.

Der 1982 eröffnete Rheinturm ist heute eines der Wahrzeichen der nordrhein-westfälischen Landeshauptstadt Düsseldorf.

Heute ist der Rheinturm ein Wahrzeichen der Stadt. Er wird jedes Jahr von rund 300.000 Menschen besucht. An einer Seite des Rheinturms befindet sich eine Lichtskulptur, die den Rekord der größten digitalen Uhr hält, und zwar weltweit. Entworfen wurde der Rheinturm vom deutschen Architekten Harald Deilmann.

Der höchste Wolkenkratzer 1982

Welcher Wolkenkratzer war 1982 der höchste? Stand er in New York oder Dubai? Weder noch! Der höchste Wolkenkratzer war von 1974–1998 – also auch im Jahr 1982 – der 442 m hohe Sears Tower in Chicago, der 2009 in Willis Tower umbenannt wurde. Er wurde im Auftrag des US-amerikanischen Einzelhandelskonzerns Sears erbaut. 2009 mietete der Londoner Versicherungskonzern Willis Group Holdings eine große Fläche im Wolkenkratzer, daher erfolgte die Umbenennung in Willis Tower.

Zwar war der damalige Sears Tower der höchste Wolkenkratzer im Jahr 1982. Das höchste Bauwerk insgesamt stand aber in Polen: Der Sendemast von Radio Warschau war mit einer Höhe von 646,38 m von 1974–1991 das höchste Bauwerk der Welt. 1991 stürzte dieser Turm bei Renovierungsarbeiten ein.

Der damalige Sears Tower und heutige Willis Tower sticht in der Skyline Chicagos als höchstes Gebäude deutlich hervor.

Bitte ein Bett!

Die Charité ist als größtes Krankenhaus der deutschen Hauptstadt Berlin fast jedem ein Begriff. 1982 lag das bereits 1710 gegründete Krankenhaus noch auf dem Gebiet der DDR, wenn auch nah an der Grenze zum Westen. Dort wurde von 1977 bis 1982 ein 21-stöckiges »Bettenhaus« errichtet und am 14. Juni 1982 feierlich eröffnet – vom damaligen Staatsratsvorsitzenden der DDR, Erich Honecker.

Zu Beginn gab es im Bettenhaus 1.050 Betten auf über 30 Stationen. Inzwischen gibt es in dem Bettenhaus aber nur noch 615 Betten. Der Grund: 4-Bett-Zimmer wurden abgeschafft, 3-Bett-Zimmer reduziert.

Das Bettenhaus der Charité ist ein 21-stöckiges Hochhaus in Berlin.

Postmoderne Architektur in Portland

Nun geht es wieder über den großen Teich. Am 2. Oktober 1982 wurde in Portland, einer Stadt im US-Bundesstaat Oregon, das Portland Building eröffnet, ein 15-stöckiges Bürogebäude. Die Höhe bis zum Dach beträgt 65,53 m. Entworfen hat das Portland Building der US-amerikanische Architekt Michael Graves (1934–2015) – sein Entwurf setzte sich bei einem Architekturwettbewerb durch.

Das Portland Building gilt als erstes großes Gebäude im Stil der postmodernen Architektur. Besonders auffallend sind die dekorativen Elemente an der Gebäudefassade.

Ausflug zur »Sonnenkugel«

Viel Modernes wurde auch auf der Weltausstellung des Jahres 1982 präsentiert, die in der US-amerikanischen Stadt Knoxville im Bundesstaat Tennessee stattfand. Diese Weltausstellung lockte damals 11,1 Millionen Besucher an, die technische und handwerkliche Neuerungen aus 16 verschiedenen Ländern bestaunen durften.

Das 1982 eröffnete Portland Building gilt als wegweisend für die Architektur der Postmoderne.

Und auch ein berühmtes Bauwerk ist im Zuge der Weltausstellung 1982 entstanden: die Sunsphere oder auf Deutsch: »Sonnenkugel«, die heute ein Wahrzeichen der Stadt Knoxville ist. Die Sunsphere, die aus goldfarbenem Glas besteht, befindet sich auf einem Turm aus Stahlfachwerk. Das ganze Bauwerk ist insgesamt rund 81 m hoch. Die Sonnenkugel selbst nimmt davon einen Durchmesser von rund 23 m ein.

Entworfen wurde die Sunsphere von einem in Knoxville ansässigen Architekturbüro namens »Community Tectonics«. Ursprünglich war für die Sonnenkugel ein Durchmesser von 86,5 Fuß (über 26 m) geplant, um den Durchmesser der Sonne von 865.000 Meilen zu symbolisieren. Im finalen Entwurf wurde die Kugel jedoch auf die heutige Größe reduziert.

Besuch bei Elvis

Wo wir uns gerade im US-Bundesstaat Tennessee aufhalten: Dort wurde am 7. Juni 1982 – in der Stadt Memphis und dort im Stadtteil Whitehaven – ein weltberühmtes Museum eröffnet. Priscilla Presley, die Ex-Frau von Elvis Presley, des 1977 verstorbenen »King of Rock 'n' Roll«, öffnete die Pforten von »Graceland« für die Öffentlichkeit. Seither wird

Im Zuge von Weltausstellungen sind einige beeindruckende Bauwerke entstanden – die Sunsphere in Knoxville, Tennessee, zählt sicherlich dazu.

dieses Museum jedes Jahr von rund 650.000 Elvis-Fans aus aller Welt besucht. Alleinige Eigentümerin des Anwesens war damals allerdings Elvis einziges Kind Lisa Marie Presley, die zu diesem Zeitpunkt aber noch nicht volljährig war.

Graceland ist der Name des Anwesens, in das Elvis Presley 1957 einzog, der Kaufpreis betrug damals 102.500 US-Dollar. 1977 wurde er dort in seinem Badezimmer tot aufgefunden. Graceland besteht aus einem Herrenhaus und einem großen Grundstück. Auch das Grab von Elvis Presley befindet sich auf dem Grundstück. Wer eine Tour durch das Museum bucht, wird zum Schluss zu diesem Grab geführt.

Daher kommt der Name »Graceland«

Am Anfang befand sich auf Graceland eine Farm. Der ursprüngliche Besitzer, Stephen C. Toof, Inhaber einer Großdruckerei, benannte sie nach seiner Tochter Grace, die die Farm 1894 erbte. Grace wiederum vererbte die Farm später an ihre Nichte Ruth, die zusammen mit ihrem Ehemann 1939 das Herrenhaus im Kolonialstil errichtete. Dieses Herrenhaus erwarb dann 1957 Elvis Presley.

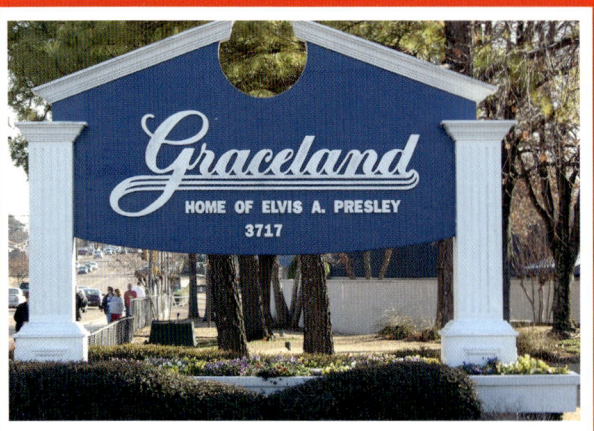

»Graceland« ist der Name des Anwesens von Elvis Presley, einem der erfolgreichsten Musiker aller Zeiten.

Auf in die Vereinigten Arabischen Emirate

Auch ein großer Flughafen wurde im Jahr 1982 eröffnet, nämlich der Internationale Flughafen Abu Dhabi. Abu Dhabi ist die Hauptstadt der aus sieben Emiraten bestehenden Vereinigten Arabischen Emirate (VAE), die auf der Arabischen Halbinsel und dort an der Küste des Persischen Golfs gelegen sind. Die größte Stadt der VAE ist aber nicht Abu Dhabi, sondern Dubai. Durch ihre riesigen Ölvorkommen zählen die VAE zu den reichsten Ländern der Erde.

Gebaut wurde der Flughafen in Abu Dhabi damals vom britischen Unternehmen J&P, das auf der Kanalinsel Guernsey seinen Sitz und in einer lokalen Baufirma auf Zypern seinen Ursprung hat. Der neue Flughafen ersetzte den alten Flughafen Al-Bateen und ermöglichte ein höheres Passagieraufkommen.

Dieses Foto zeigt die markante Haupthalle des Internationalen Flughafens Abu Dhabi.

Die Sowjetunion vor den USA: Raumforschung 1982

Der Kalte Krieg zwischen den Westmächten und dem Ostblock war auch 1982 noch in vollem Gange, der Wettbewerb um die Fortschritte in der Weltraumforschung ging in die nächste Runde. Punktsieger in den 1950er-Jahren war noch die Sowjetunion, während in den 1960er-Jahren in der Weltraumforschung klar die USA die Nase vorn hatten – unter anderem gelangen den US-Amerikanern Ende der 1960er- und Anfang der 1970er-Jahre mehrere bemannte Mondlandungen. In den 1970er-Jahren hatten beide Parteien einige Erfolge zu verzeichnen.

1982 ging die Punktwertung wiederum an die Sowjetunion. In jenem Jahr traten die USA auf die Ausgabenbremse, während die Sowjetunion einige spannende Forschungserfolge erzielte. Doch machen Sie sich in diesem Kapitel selbst ein Bild!

Der Weltraum übte immer schon einen magischen Reiz aus.

Reagan sagt No: gestrichene Raumfahrt-projekte der USA

In den USA regierte 1982 der ehemalige Schauspieler und republikanische Politiker Ronald Reagan (1911–2004, US-Präsident von 1981–1989). Er war als US-Präsident mit dem Versprechen angetreten, sparsam zu wirtschaften. Das gelang ihm, wie sich später zeigte, nicht – während seiner Regierungszeit hat sich das Staatsdefizit in den USA vervierfacht. Doch setzte er zumindest im Bereich der Raumforschung Budgetkürzungen durch.

Dies hatte gravierende Auswirkungen auf laufende Forschungsprojekte. Eines dieser Projekte war der Bau einer Jupitersonde (später »Galileo« genannt), die ab 1977 entwickelt wurde und 1982 mit einem Space Shuttle ins Weltall starten sollte. Dazu kam es aber nicht, weil sich der Bau des Space Shuttle verzögerte. Ronald Reagan wollte die Jupitersonde 1982 sogar komplett aus dem Programm streichen. Da sich die Öffentlichkeit gegen die Streichung wehrte, wurde das Projekt nur hinausgeschoben.

Ein weiteres Raumfahrtprojekt, das 1982 nicht zustande kam, war die Mission »Venus Orbit Imaging Radar« (VOIR). Bei dieser Mission sollte

Ronald Reagan, der 40. US-Präsident, war während seiner Amtszeit nicht wirklich sparsam, zeichnete aber für verschiedene Budgetkürzungen unter anderem in der Raumforschung verantwortlich.

eine Raumsonde mithilfe von abbildendem Radar die Oberfläche der Venus kartieren. Aufgrund von Budgetkürzungen wurde dieses Projekt jedoch gestrichen.

Eine russische Raumstation startet in Baikonur

Nachdem die 1960er-Jahre im Bereich der Raumforschung einen Wettlauf zum Mond darstellten, begann in den 1970er-Jahren ein Wettlauf um die Erdumlaufbahn. Sowohl die USA als auch die Sowjetunion planten, Raumstationen in die Erdumlaufbahn zu bringen. Dies gelang auch beiden Seiten, der Sowjetunion allerdings zuerst.

Die erste Raumstation in der Erdumlaufbahn war die sowjetische Saljut 1, die am 19. April 1971 ins Orbit startete und in 175 Tagen im Weltall 2.929-mal die Erde umkreiste. Die erste und einzige Raumstation der USA startete hingegen erst am 14. Mai 1973 – dafür bewegte sie sich über sechs Jahre lang in der Erdumlaufbahn. Vonseiten der Sowjetunion folgten in den 1970er-Jahren noch mehrere weitere Saljut-Raumstationen. Die letzte davon war die Saljut 7, die am 19. April 1982 im kasachischen Baikonur startete. Die Saljut 7 blieb bis 1986 im Dienst, in

Dieses Foto zeigt ein Modell der 1982 in die Erdumlaufbahn gebrachten Raumstation »Saljut 7«.

jenem Jahr wurde sie dann durch die Raumstation Mir ersetzt. Erst 1991 stürzte die Saljut 7 aber auf die Erde ab, wobei sie in der Erdatmosphäre teilweise verglühte.

Die Saljut 7 bestand aus mehreren Modulen und besaß an beiden Enden einen »Andockadapter«, der das Andocken von Sojus-Raumschiffen an die Raumstation ermöglichte, während gleichzeitig am anderen Ende Versorgungsraumschiffe andocken konnten. Die Saljut 7 verfügte außerdem über drei Solarpanele für die Energieversorgung, die auf dem Foto allerdings nicht abgebildet sind.

Die erste Besatzung der Raumstation Saljut 7 bestand aus den beiden sowjetischen Kosmonauten Anatoli Beresowoi und Walentin Lebedew. Sie erreichten die Saljut 7 an Bord des Raumschiffs Sojus T-5 am 13. Mai 1982 und verweilten 211 Tage lang, bis zum 10. Dezember 1982, auf der Raumstation.

Nun, »Verweilen« ist vielleicht das falsche Wort, denn auf der Raumstation gab es eine Menge zu tun. Unter anderem wurde am 17. Mai 1982 erstmals ein Satellit von einer Raumstation ausgesetzt, nämlich der Amateurfunksatellit Iskra 2. Am 18. November 1982 folgte auch noch der Satellit Iskra 3.

Die Raumstation Saljut 7 blieb von 1982 bis 1986 im Dienst, die Nachfolgerin war die Mir.

Im Weltall wird nun auch Französisch gesprochen

Bis 1982 war noch kein einziger Westeuropäer ins Weltall geflogen. Das änderte sich jedoch am 24. Juni 1982. An jenem Tag startete der französische Raumfahrer Jean-Loup Chrétien im Raumschiff Sojus T-6 zusammen mit den sowjetischen Kosmonauten Wladimir Alexandrowitsch Dschanibekow und Alexander Sergejewitsch Iwantschenkow ins Weltall, um an der Raumstation Saljut 7 anzudocken.

Wie kam es dazu? Frankreich hatte bereits 1979 – im Rahmen des »Interkosmos«-Programms – von der Sowjetunion das Angebot erhalten, dass ein französischer Raumfahrer an Bord eines Sojus-Raumschiffs ins Weltall fliegen könnte. Jean-Loup Chrétien, ehemals Luftwaffenpilot, hatte sich daraufhin beworben und wurde ausgewählt.

Die entsprechende Ausbildung erhielt Chrétien ab 1980 in der Sowjetunion. Nach dem Abflug am 24. Juni 1982 dockte die Sojus T-6 am 25. Juni an der Raumstation Saljut 7 an. Die Abkopplung erfolgte am 2. Juli 1982. Chrétien kehrte nach diesem siebentägigen Raumflug sicher zur Erde zurück und wurde anschließend Leiter der Raumfahrerabteilung der französischen Raumfahrtbehörde.

1982 flog mit Jean-Loup Chrétien der erste Franzose mit der Sojus T-6 ins Weltall.

Erstmals werden Klänge von einem anderen Planeten vernommen

Bilder von anderen Planeten wurden von anderen Raumsonden bereits vor 1982 aufgenommen. Neu war im Jahr 1982 hingegen, dass nun erstmals auch Klänge von einem anderen Planeten an die Erde übertragen wurden, genauer gesagt, von der erdnahen Venus.

Die Raumsonde, die das möglich machte, war die sowjetische Raumsonde Venera 13. Das Venera-Programm zur Erforschung der Venus wurde in der Sowjetunion bereits Anfang der 1960er-Jahre ins Leben gerufen. Ein Meilenstein war unter anderem die Landung der Venera 7 auf der Venus – es war gleichzeitig die erste weiche Landung einer von Menschenhand geschaffenen Raumsonde auf einem anderen Planeten.

Diese Abbildung zeigt eine künstlerische Darstellung der Venera 13 auf der Venus.

Die Venera 13 wurde am 30. Oktober 1981 gestartet. Am 1. März 1982 flog sie dann an der Venus vorbei. Die Landesonde übermittelte 127 Minuten lang Bilder und unterschiedliche Daten, darunter auch – mithilfe von Außenmikrofonen – die Klänge der Venuswinde sowie Geräusche, die durch die Landesonde selbst verursacht wurden.

Nur wenige Tage nach der Venera 13 setzte auch die am 4. November 1981 gestartete baugleiche Raumsonde Venera 14 eine Landesonde auf der Venus ab, die auf der Venusoberfläche 57 Minuten lang »überlebte«. Auch die Venera 14 war mit Außenmikrofonen ausgestattet und lieferte Klänge von der Venus.

Auf der Basis der Windgeräusche wurde später eine durchschnittliche Windgeschwindigkeit von 0,3–0,5 m/s auf der Oberfläche der Venus berechnet.

Eine Briefmarke zum Erfolg der beiden Raumsonden Venera 13 und Venera 14.

Kunstherz, CD und weitere technische Entwicklungen des Jahres 1982

8

1982 gab es noch eine Vielzahl weiterer spannender technischer Neuerungen, wobei der Begriff Technik hier im weitesten Sinne verwendet wird und zum Beispiel auch den Bereich der Medizin umfasst. Staunen Sie darüber, was sich in unterschiedlichen Gebieten der Wissenschaft 1982 so alles getan hat!

Das erste dauerhafte Kunstherz wird implantiert

Wenn das Herz nicht mehr funktionierte, war man in früheren Zeiten unweigerlich dem Tod geweiht. Das änderte sich im 20. Jahrhundert. 1969 wurde zum ersten Mal ein Kunstherz implantiert, jedoch nur vorübergehend. Es wurde von einem argentinischen Arzt namens Domingo Liotta entwickelt und einem 47-jährigen Patienten am Texas Heart Institute in Houston im US-Bundesstaat Texas eingepflanzt. Nach knapp 65 Stunden wurde das Kunstherz durch ein natürliches Herz ersetzt. Der Patient starb aber kurz nach der Herztransplantation.

Im Jahr 1982 wurde erstmals ein dauerhaftes Kunstherz implantiert, nämlich das Modell Jarvik-7. Es wurde von einem US-amerikanischen Erfinder namens Robert Jarvik geschaffen. Ein Fun Fact: Er ist verheiratet mit Marilyn vos Savant, einer Frau, die über mehrere Jahre den Weltrekord als Mensch mit dem höchsten Intelligenzquotienten hielt.

Doch zurück zum Kunstherzen: Das Jarvik-7 wurde am 2. Dezember 1982 in der Universitätsklinik von Utah in einer siebenstündigen Operation dem Patienten, einem pensionierten Zahnarzt, eingepflanzt. Erfolgreich durchgeführt wurde die Operation von William DeVries. Der Patient lebte im Anschluss an die Operation noch 112 Tage lang bis zum 23. März 1983.

Statt von Schwein oder Rind: Die Produktion von Humaninsulin läuft an

Vom Herzen zur Bauchspeicheldrüse: Insulin ist ein lebenswichtiges Hormon, das der menschliche Körper in der Bauchspeicheldrüse bildet. Bei der Zivilisationskrankheit Diabetes kann jedoch ein Mangel an Insulin herrschen, und es muss dem Körper von außen zugeführt werden – ansonsten droht Lebensgefahr.

Die Isolierung von Insulin erfolgte bereits im Jahr 1921, die erste Insulintherapie bei Diabetikern wurde vom kanadischen Arzt Frederick Banting (1891–1941) durchgeführt – er wurde für seine Forschungen zum Thema Insulin einer der Medizinnobelpreisträger des Jahres 1923. Das in der Medizin verwendete Insulin stammte zunächst von Schweinen und Rindern. Dazu wurden die Bauchspeicheldrüsen der Tiere von Schlachthöfen aus aller Welt bezogen. Daraus wurde dann das für die Diabetes-Therapie benötigte Insulin gewonnen.

Nun springen wir aber in das Jahr 1982: In jenem Jahr wurde vom US-amerikanischen Pharmakonzern Eli Lilly das erste gentechnisch hergestellte Humaninsulin auf den Markt gebracht. Die Forschung dazu stammte allerdings nicht von dem Pharmariesen, sondern von einem

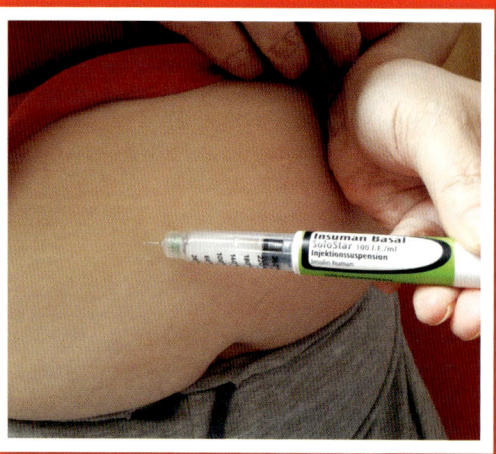

Ein Segen für Hunderte Millionen Diabetiker weltweit: das Humaninsulin, das 1982 erstmals auf den Markt gebracht wurde.

damals kleinen, ebenfalls US-amerikanischen Unternehmen namens Genentech. Dieses forschte bereits ab 1977 am Humaninsulin und schaffte 1982 die Zulassung des Medikaments. Die Produktion und Vermarktung übernahm dann Eli Lilly.

Die Compact Disc (CD) beginnt ihren Siegeszug

Schallplatten gab es bereits im 19. Jahrhundert, die Musikkassette (MC) kam 1963 auf den Markt. Ein großer Fortschritt war die Compact Disc (CD), die im Jahr 1982 ihre Markteinführung feiern konnte. Vorgestellt wurde sie bereits auf der Funkausstellung in Berlin im Jahr 1981.

Im Gegensatz zu Schallplatten werden CDs nicht gepresst, sondern in einem Spritzgussverfahren hergestellt. Und während eine Schallplatte aus Polyvinylchlorid (PVC) besteht, besteht eine CD aus Polycarbonat mit einer dünnen Metallschicht. Die Spiralspur einer Compact Disc hat eine Länge von rund sechs Kilometern.

Die CD ist ein optischer Speicher, der auf der Lasertechnologie beruht. Sowohl das Speichern von Musik oder anderen Daten auf einer CD (das

Früher füllten Schallplatten ganze Regale, 1982 kamen dann die Audio-CDs auf.

»Brennen«) als auch das Abrufen der gespeicherten Inhalte erfolgen mit einem Laser.

Entwickelt wurde die CD vom japanischen Unternehmen Sony sowie dem niederländischen Unternehmen Philips. Zunächst kam die Audio-CD auf den Markt, schon kurze Zeit darauf folgte aber die CD-ROM, bei der Inhalte mit entsprechender Hardware nicht nur gelesen, sondern auch geschrieben werden können. Die CD war aber keineswegs das erste optische Speichermedium. Die Entwicklung entsprechender Produkte erfolgte bereits ab den 1960er-Jahren. Von diesen konnte sich aber keines wirklich etablieren.

Das erste Album auf CD

Als erstes Musik-Album, das am 1. Oktober 1982 auf einer Compact Disc veröffentlicht wurde, gilt – Trommelwirbel! – das Album »52nd Street«, das sechste Studioalbum des US-amerikanischen Sängers und Songschreibers Billy Joel. Zwar waren schon davor andere Audio-CDs vorgestellt worden – da noch kein Abspielgerät zur Verfügung stand, erfolgte deren Veröffentlichung aber erst später.

»52nd Street« wurde zuerst 1978 auf Vinyl veröffentlicht und gewann den Grammy als Album des Jahres, 1982 kam die CD-Version.

Zum Abspielen der CDs: der erste CD-Player der Technikgeschichte

Mit der Compact Disc kam 1982 eine weitere Erfindung auf den Markt: der CD-Player, der die Wiedergabe von Audio-CDs erst ermöglichte. Der erste kommerziell vertriebene CD-Player war der »Sony CDP-101«, der in Japan – wie das oben genannte Album von Billy Joel – ab dem 1. Oktober 1982 verkauft wurde. Der Preis betrug damals 168.000 Yen, was umgerechnet rund 2.300 D-Mark entsprach. Heute wird in den USA zum Gedenken an die Markteinführung des CD-Players am 1. Oktober jedes Jahr ein »National CD Player Day« begangen.

Der »Sony CDP-101« verfügte bereits über die auch bei späteren CD-Playern meist verwendete CD-Lade sowie ein Display, auf dem die Titelnummer und Spielzeit abgebildet wurden. Auch die Standardbedienelemente zum Starten, Titelwechsel etc. standen bereits zur Verfügung – sowohl am CD-Player selbst als auch auf der zugehörigen Infrarot-Fernbedienung RM-01.

Für den »Sony CDP-101« zeichnete der damalige Leiter der Audio Division bei Sony verantwortlich, ein Mann namens Nobuyuki Idei. Er wurde später Präsident der Sony Corporation. Auf Idei geht auch die Modell-

Der »Sony CDP-101« war der erste kommerzielle CD-Player der Welt; er wurde am 1. Oktober 1982 auf dem japanischen Markt eingeführt.

nummer 101 zurück; es handelt sich um die binäre Version der Zahl 5. Der »Sony CDP-101« wurde von 1982–1985 produziert; aufgrund des Verkaufserfolgs folgten zahlreiche weitere CD-Player-Modelle.

Die Markteinführung durch Sony erfolgte zuerst nur in Japan, da Philips – der Kooperationspartner – für seinen eigenen CD-Player noch kein Einführungsdatum nennen konnte. Der CD-Player »Philips CD 100« folgte dann aber bereits im November 1982 und war damit der erste CD-Player, der außerhalb Japans vertrieben wurde.

TV in 3D

3D-Technologie ist keine moderne Erfindung. Über die Stereoskopie wurde erstmals 1838 eine Abhandlung veröffentlicht, und schon 1853 wurde vom Deutschen Wilhelm Rollmann das Anaglyphenverfahren entwickelt, bei dem mit Farbfiltern auf zwei Brillengläsern ein 3D-Effekt erzeugt werden kann. Für lange Zeit wurden Rot-Grün-Brillen eingesetzt, bei denen das linke Auge durch einen roten Filter und das rechte Auge durch einen grünen Filter blickte.

Da staunten die Zuschauer: Dank des Anaglyphenverfahrens konnte man 1982 dreidimensional fernsehen.

Auch im Fernsehen wurde mit der 3D-Technologie experimentiert. So wurde am 28. Februar 1982 die erste 3D-Sendung im deutschen Fernsehen ausgestrahlt. Diese war einige Zeit zuvor angekündigt worden, was zu einem Ansturm der Bevölkerung auf 3D-Pappbrillen führte. Der Moderator Wilfried Göpfert begrüßte die Zuschauer mit den Worten: »Ich begrüße Sie zur ersten Raumbildsendung des deutschen Fernsehens.«

Gezeigt wurden mehrere kürzere Filme, in denen zum Beispiel die Schauspielerin Ingrid Steeger (bekannt aus »Klimbim«) oder der Kabarettist Jürgen von Manger zu sehen waren – dazu Arme, Bretter oder Leitern, die scheinbar aus dem TV-Gerät ragten. Begeistert waren die Zuschauer von der vollmundig angekündigten 3D-Sendung allerdings nicht. Die meisten hatten mehr erwartet, viele klagten nach dem 3D-Geflimmer über Kopfschmerzen.

Industrie und Technik auf Briefmarken

1982 war auch das Jahr, in dem die Deutsche Bundespost die letzten Marken der seit 1975 aufgelegten Dauermarkenserie »Industrie und Technik« herausbrachte. Auf diesen Briefmarken wurden zahlreiche technische Errungenschaften dokumentiert.

Die Magnetschwebebahn gehörte zu den letzten Motiven der Dauermarkenserie »Industrie und Technik« der Deutschen Bundespost.

Entworfen wurde die Briefmarkenserie vom Schweizer Grafiker Beat Knoblauch. Er selbst konnte allerdings nur die Veröffentlichung eines Teils der Briefmarkenserie erleben, denn er verunglückte am 30. Dezember 1975 beim Bergsteigen in den Alpen. Auf den fünf am 16. Juni und 15. Juli 1982 veröffentlichten Briefmarken wurden deshalb die Ideen Knoblauchs durch andere Grafiker umgesetzt. Abgebildet ist auf diesen Briefmarken Folgendes:

- Fernsehkamera (110-Pfennig-Briefmarke)
- Brauanlage (130-Pfennig-Briefmarke)
- Löffelbagger (190-Pfennig-Briefmarke)
- Flughafen Frankfurt/Main (250-Pfennig-Briefmarke)
- Magnetschwebebahn (300-Pfennig-Briefmarke)

Und noch eine weitere Dauermarkenserie endete 1982, nämlich die seit 1977 aufgelegte Dauermarkenserie »Burgen und Schlösser«. Auf den am 16. Juni sowie am 15. Juli 1982 erschienenen Briefmarken aus dieser Serie sind abgebildet: Schloss Lichtenstein, Schloss Wilhelmsthal, Schloss Charlottenburg sowie Schloss Herrenhausen.

Auch der Flughafen Frankfurt/Main war eines der Motive der 1982 erschienenen Briefmarken aus der Serie »Industrie und Technik«.

Eine Schreibmaschine, die drucken kann

Wer 1982 einen Brief schreiben wollte, konnte diesen bereits auf einem Computer erstellen und ausdrucken. Ein damals neu auf den Markt gekommener »Drucker« war der EP-20 des US-amerikanischen Herstellers Brother. Tatsächlich handelte es sich aber um eine elektrische Schreibmaschine, die über einen integrierten Thermodruckkopf sowie über ein LCD-Display verfügte. Über ein Interface konnte mit der EP-20 auch ein PC verbunden werden, um von diesem einen Ausdruck zu starten.

Fotografie im Jahr 1982

Wie wurde 1982 fotografiert? Nun, in der Regel noch analog, obwohl bereits ab Mitte der 1970er-Jahre Digitalkameras erhältlich waren. Diese waren aber noch nicht wirklich alltagstauglich. Die erste »tragbare« Digitalkamera konnte auf einem Datenträger, der 4 kg wog, lediglich ein einziges Bild speichern. Ein Schwerpunkt der neuen analogen Fotoapparate des Jahres 1982 lag auf dem Autofokus. Schauen wir uns zwei Kameras, die 1982 auf den Markt gebracht wurden, einmal etwas näher an.

Mit der Canon AL-1 wurde die Funktion »Quick Focus« eingeführt.

Da wäre zum einen die Canon AL-1, eine Kleinbild-Spiegelreflexkamera, die im April 1982 erschienen ist. Sie beinhaltete eine Scharfeinstellhilfe, die »Quick Focus« genannt wurde. Eine richtige Autofokus-Funktion stand bei dieser Kamera aber noch nicht zur Verfügung. Dagegen musste für den Quick Focus manuell ein senkrechter Kontrast auf die Mattscheibe gelegt werden. Nachdem der japanische Kamerahersteller Pentax mit der Pentax ME-F bereits 1981 die erste Spiegelreflexkamera mit Autofokus auf den Markt gebracht hatte, folgte 1982 mit der PC35AF eine Kompaktkamera, die ebenfalls über ein Autofokussystem verfügte. Diese Kamera war gleichzeitig die erste Kompaktkamera, die Pentax überhaupt herausbrachte. Die erste Kompaktkamera mit Autofokus gab es allerdings schon 1977, nämlich die Konica C35 AF.

Die MUPID-Show beginnt

Während der Bildschirmtext (BTX) vom deutschen Fernsehpublikum erst ab 1983 aufgerufen werden konnte, waren die Österreicher früher dran. Dort wurde bereits 1982 der MUPID veröffentlicht – ein »Mehrzweck Universell Programmierbarer Intelligenter Decoder«, der von einem österreichischen Informatik-Professor namens Hermann Maurer und seinem Team entwickelt wurde.

Die Pentax PC35AF war 1982 die erste Kompaktkamera aus dem Hause Pentax – Autofokus inklusive.

Der MUPID wurde den BTX-Kunden zu Beginn gegen eine monatliche Gebühr von der Österreichischen Post- und Telegraphenverwaltung zur Verfügung gestellt. Das Gerät konnte dann ans Fernsehgerät angeschlossen werden, um die im Bildschirmtext verfügbaren Informationen aufzurufen. Der MUPID konnte darüber hinaus als eigenständiger Heimcomputer verwendet werden.

Nach dem MUPID 1 von 1982 kam 1984 noch der MUPID 2 auf den Markt, der es – zum Beispiel durch den Anschluss eines Diskettenlaufwerks – noch stärker ermöglichte, den MUPID auch als Heimcomputer zu nutzen. Die letzten MUPIDs liefen 1989 vom Band.

Windkraft gibt Energie

Auch der erste Windpark Europas stammt aus dem Jahr 1982. Er wurde damals auf der kleinen Kykladeninsel Kythnos errichtet. Der Windpark bestand aus fünf Windenergieanlagen, die zusammen eine Leistung von 100.000 Watt erzeugten. Im Jahr 1983 kam noch eine Fotovoltaik-Anlage hinzu.

Diese Abbildung zeigt die zu einem MUPID gehörende Tastatur.

Geboren und gestorben 1982

9

Welche bekannten Persönlichkeiten wurden 1982 geboren – und welche Persönlichkeiten sind 1982 gestorben? In den folgenden Tabellen haben wir jeweils 25 Persönlichkeiten zusammengestellt, die 1982 zur Welt kamen oder deren Leben 1982 endete.

Geboren 1982

Geburtsdatum	Persönlichkeit
07.01.1982	Hannah Stockbauer, deutsche Schwimmerin und zweimalige Sportlerin des Jahres
09.01.1982	Herzogin Kate (geboren als Catherine Elizabeth »Kate« Middleton), als Ehefrau von Prinz William Herzogin von Cambridge
21.01.1982	Simon Rolfes, ehemaliger deutscher Fußballspieler, von 2007–2011 in der Nationalmannschaft
10.02.1982	Tom Schilling, deutscher Schauspieler und Musiker, Bambi-Preisträger
28.02.1982	Axel Stein, deutscher Komiker und Schauspieler, mehrfacher Träger des Deutschen Comedypreises
03.03.1982	Jessica Biel, US-amerikanische Schauspielerin und Model
18.03.1982	Timo Glock, deutscher Rennfahrer in der Formel 1 und DTM
31.03.1982	Chloé Zhao, chinesische Filmregisseurin und Oscar-Preisträgerin
15.04.1982	Seth Rogen, kanadischer Komiker, Schauspieler und Filmproduzent
22.04.1982	Kaká (bürgerlich Ricardo Izecson dos Santos Leite), brasilianischer Fußballspieler

Geburtsdatum	Persönlichkeit
24.04.1982	Kelly Clarkson, US-amerikanische Popsängerin und Castingshow-Gewinnerin
30.04.1982	Kirsten Dunst, US-amerikanisch-deutsche Schauspielerin
29.05.1982	Elyas M'Barek, österreichischer Schauspieler und Synchronsprecher, aufgewachsen in Deutschland, Bambi-Preisträger
09.06.1982	Christina Stürmer, österreichische Popsängerin und Castingshow-Teilnehmerin
10.06.1982	Madeleine von Schweden, jüngste Tochter von König Carl XVI. Gustav von Schweden und Königin Silvia
14.06.1982	Lang Lang, chinesischer Pianist, gewann mehrfach einen »Echo Klassik«
21.06.1982	Prinz William, Herzog von Cambridge, steht nach Prinz Charles an zweiter Stelle der britischen Thronfolge
24.07.1982	Anna Paquin, kanadisch-neuseeländische Schauspielerin
25.08.1982	Matthias Steiner, österreichisch-deutscher Gewichtheber, wurde 2008 in Deutschland eingebürgert, 2008 Olympiasieger
28.08.1982	LeAnn Rimes, US-amerikanische Country- und Popsängerin, verkaufte schon mehr als 60 Millionen Tonträger
30.08.1982	Andy Roddick, US-amerikanischer Tennisspieler, 13 Wochen die Nr. 1 der Weltrangliste
25.09.1982	Casper (bürgerlich Benjamin Griffey), deutsch-amerikanischer Rapper
12.11.1982	Anne Hathaway, US-amerikanische Schauspielerin und Oscar-Preisträgerin
08.12.1982	Nicki Minaj, Beiname »Queen of Rap«, geboren in Trinidad und Tobago, Rapperin, Songwriterin und Schauspielerin
22.12.1982	Britta Heidemann, deutsche Fechterin und Olympiasiegerin

Gestorben 1982

Todesdatum	Persönlichkeit
20.01.1982	Anna Haag, deutsche Politikerin und Frauenrechtlerin
08.02.1982	Kurt Edelhagen, deutscher Musiker, in den 1950er- und 1960er-Jahren mit seiner Big Band bekannt
05.03.1982	John Belushi, US-amerikanischer Sänger und Schauspieler, Bruder des Schauspielers und Musikers James Belushi
27.03.1982	Fazlur Khan, bengalisch-amerikanischer Bauingenieur und Architekt; Miterbauer des früheren Sears Tower in Chicago (heute Willis Tower)
29.03.1982	Carl Orff, deutscher Komponist und Musikpädagoge, seine »Carmina Burana« ist ein sehr bekanntes Chorwerk
07.04.1982	Manfred Schott, deutscher Schauspieler und Synchronsprecher
29.05.1982	Romy Schneider, deutsch-französische Schauspielerin
10.06.1982	Rainer Werner Fassbinder, deutscher Regisseur, Drehbuchautor, Filmproduzent und Schauspieler
12.06.1982	Karl von Frisch, deutsch-österreichischer Zoologe und Verhaltensforscher
18.06.1982	Curd Jürgens, deutsch-österreichischer Schauspieler und Regisseur

Todesdatum	Persönlichkeit
26.06.1982	Alexander Mitscherlich, deutscher Arzt und Psycho-analytiker
10.07.1982	Seiichi Miyake, japanischer Erfinder von Blindenleit-systemen
31.07.1982	Queenie Paul (eigentlich Eveline Pauline Paul), australische Schauspielerin, Sängerin und Tänzerin
12.08.1982	Henry Fonda, US-amerikanischer Schauspieler und Oscar-Preisträger
21.08.1982	Sobhuza II., König des damaligen Swasiland, amtierte 83 Jahre lang
29.08.1982	Ingrid Bergman, schwedische Schauspielerin und drei-fache Oscar-Preisträgerin
14.09.1982	Grace Kelly, US-amerikanische Schauspielerin und Oscar-Preisträgerin, nach der Heirat mit Fürst Rainier III. die Fürstin von Monaco
01.10.1982	Otto Abt, Schweizer Maler, Mitglied der antifaschistisch ausgerichteten »Gruppe 33«
04.10.1982	Glenn Gould, kanadischer Pianist, Organist und Kompo-nist, berühmter Bach-Interpret
07.11.1982	Bully Buhlan, deutscher Schlager- und Jazzsänger, Schlagerkomponist und Schauspieler

Todesdatum	Persönlichkeit
10.11.1982	Leonid Iljitsch Breschnew, sowjetisches Staatsoberhaupt, gebürtig auf dem Gebiet der heutigen Ukraine
22.11.1982	Jean Batten, neuseeländische Flugpionierin, erreichte in den 1930er-Jahren mehrere Strecken- und Dauerrekorde
02.12.1982	Marty Feldman, britisch-US-amerikanischer Komiker, Schauspieler und Regisseur
20.12.1982	Arthur Rubinstein, polnisch-amerikanischer Pianist, berühmter Chopin-Interpret
27.12.1982	Jack Swigert, US-amerikanischer Astronaut, Teilnehmer der gescheiterten Apollo-13-Mission mit dem Ziel der dritten bemannten Mondlandung

Was hat sich 1982 noch so alles getan? Wer wurde geboren, wer ist gestorben? Auf welche Informationen sind Sie in Büchern, Zeitschriften oder im Internet gestoßen? Auf den nächsten beiden Seiten finden Sie Platz, um Ihre individuellen Ergänzungen einzutragen.